德国经典少儿百科全书(彩绘版)

动物都在忙什么?

[德] 贝贝尔·奥福特林 (Bärbel Oftring)　著

张　淼　译

东方出版社

图书在版编目（CIP）数据

动物都在忙什么？/（德）奥福特林 著；张淼 译.—北京：东方出版社，2012.9
（德国经典少儿百科全书：彩绘版）
ISBN 978-7-5060-5297-9

Ⅰ.①动…　Ⅱ.①奥…②张…　Ⅲ.①动物—少儿读物　Ⅳ.①Q95-49

中国版本图书馆CIP数据核字（2012）第203173号

Published in its Original Edition with the title
Tiere in Feld und Wald: Mein kunterbuntes Kinderwissen ab 5 Jahren
by Schwager und Steinlein Verlagsgesellschaft mbH
Copyright © Schwager und Steinlein Verlagsgesellschaft mbH
This edition arranged by Himmer Winco
© for the Chinese edition: Oriental People's Publishing & Media Co., Ltd

动物都在忙什么？
（DONGWU DOUZAI MANG SHENME?）

作　　者：[德] 贝贝尔·奥福特林
译　　者：张　淼
责任编辑：黄　娟　唐　华
出　　版：东方出版社
发　　行：人民东方出版传媒有限公司
地　　址：北京市东城区朝阳门内大街166号
邮政编码：100706
印　　刷：天津泰宇印务有限公司
版　　次：2013年1月第1版
印　　次：2019年5月第3次印刷
开　　本：889毫米×1194毫米　1/20
印　　张：6.4
字　　数：21千字
书　　号：ISBN 978-7-5060-5297-9
定　　价：38.00元

田野和草地里的动物

生活空间：田野和草地

几千年前人们就学会了种植植物，他们还会在草地上放牛养羊。这时就出现了由田野和草地共同形成的田园景象。

鲜花和绿草在草地里相映成趣，庄稼和粮食在田间摇摇摆摆。野花装点着田间的小路，灌木丛阻挡了风沙，树木遮蔽着阳光。乡间里生活着许多小生物。

生长在田垄上的灌木丛点缀在田野四周，但这样的景象在一些现代化的景区内已经很难见到了。

春天，当山楂树、黑刺李和野玫瑰开花后，就会有蜜蜂和蝴蝶来采集花蜜。秋天，小鸟、松鼠和许多昆虫都会来到灌木丛，吃上一顿丰盛美味的果实大餐。

羊群在果树林里吃草。秋天的时候，它们也会啃食树上掉下来的苹果，享用美味的苹果汁。

草场周围的水渠中流淌着灌溉用水，以用来补给牧草的生长。

四季

春天来了，大自然从漫长的冬季中苏醒过来。植物抽芽吐蕊，昆虫嗡嗡叫个不停，鸟儿叽叽喳喳地放声歌唱。

春天里百花盛开，蜜蜂们忙碌地采集着花蜜，小鸟们在树枝上修筑着巢穴。报春花、草甸碎米荠和堇菜织成了一条姹紫嫣红的花毯。

六月末时夏季来临，太阳早早就升起来了，中午时分烈日当头，十分炎热。直到晚上太阳才会落山。

此时繁花似锦。草地里开满了春白菊、三叶草、风铃草和其他花卉，它们为甲虫、蝇类和蝴蝶提供了丰盛的食物。

当联合收割机将庄稼收割完的时候，已经是秋天了，这正是秋水仙开花的时节。

红额金翅雀正在啄食凋谢的大蓟花中的种子。

今天我们所看到的田野和草地、村庄与城市，曾经都是一片茂密的原始森林。那里生长着山毛榉、橡树、桦树、云杉和其他树种。

规划好的农田看上去十分单调：宽阔的公路和道路通向远方，大块农田彼此相邻，农田里生长着不同的农作物。

如果人们既不耕地，也不锄草，那么不久之后这片土地就会被杂草所覆盖。

放眼望去，大片农田都种植着小麦和其他谷物。如今，人们只能在为数不多的田野上看到盛开的红色罂粟花和蓝色矢车菊。

图片中的农民在喷洒农药。只有这样种植的农作物才能够健康地生长。

冬天会有农民给土地施肥，将牲口棚中的动物粪便撒在田地里。

草甸

田地里通常会生长那些人们播种过的植物，而在路边或草地里则生长着各种各样的野花。

蹲下观察，你会发现草地里的成层现象。在草地的最底层，植物的根逐渐变成茎，草地的中间一层是植物的茎秆，最上面一层则是植物的花朵。

花丛中的不同层次生活着不同的动物。它们在那里觅食、产卵，寻找藏身之处。

数不清的昆虫在花朵间玩耍嬉戏。食蚜蝇、蝴蝶、熊蜂和蜜蜂在采集花蜜，甲虫们或在花间漫步，或采集花粉，或寻找配偶。

毛虫在植物的茎秆上爬行，瓢虫在捕食蚜虫，蜘蛛埋伏在网上等待着食物上门。

步行虫是掠食者，它们前进的速度很快，能够捕食地面上爬行的昆虫、蠕虫和蜗牛等。

夜幕之下

刺猬、蝙蝠、狐狸和许多其他动物会在太阳落山之后出来活动。它们在夜色的保护下寻找食物。

一只狐狸悄无声息地游荡在草地里，通过声音和气味它发现了老鼠的踪迹。这时，刺猬大口咀嚼着它捕捉到的蜗牛，还发出了"吧嗒、吧嗒"的声音。而蟾蜍和蝙蝠在捕食昆虫和蛾类。

正因为老鼠、夜蛾和其他昆虫都在夜间出来活动，所以猫头鹰、蜘蛛和其他捕猎者才会在夜间开始狩猎。

仓鸮捕捉到一只老鼠并带回窝里给它饥饿的孩子们。仓鸮飞行的时候无声无息，这是因为它的羽翼上长着一缕缕的飞羽。仓鸮的听力十分敏锐，再微弱的声响都能听得一清二楚。

蝙蝠在空中捕猎时，会利用尾部抄网一样的翼膜来捕捉夜蛾。

萤火虫属于萤科昆虫。雄性萤火虫能够飞行，雌性萤火虫则只能栖息在草丛或树叶上。

春天里的动物幼仔

春天是许多动物繁殖的季节。父母们都在忙于为自己和幼仔寻找充足的食物。

两只兔宝宝藏在高高的草丛中，它们在等待出去觅食的妈妈归来，兔妈妈觅完食就会回到兔宝宝身边。在面临危险时，兔宝宝会紧紧趴在地面上。

幼仔们很快就长大了，它们从父母那里学会了什么东西可以吃，以及在哪可以找到吃的东西，很快它们就能独立生活了。

在由青草和树叶建造而成的球状巢穴里，鼩鼱[1]（qú jīng）妈妈养育了 11 个孩子。当鼩鼱妈妈感觉巢穴会有危险时，它会毫不犹豫地搬家，它的孩子们排成长长的一列纵队跟在母亲身后。

池塘里住着天鹅一家。两年之后小天鹅的灰色羽毛才会变成白色。

鹳（guàn）科动物不辞辛苦地捕捉蚯蚓、昆虫和老鼠喂养自己的孩子。

[1] 鼩鼱：哺乳动物，身体小，外形像老鼠。——译者注

地下的生活

土地下面是什么样子呢？对许多动物来说，土地就是它们的家。它们在那里居住、觅食和哺育后代。

蜗牛将卵产在自己挖的地洞中。蚯蚓将树叶拖到它洞穴的入口处。金龟子幼虫和蝼蛄①（lóu gū）正在啃食植物细小的根系。

① 蝼蛄：昆虫，背部茶褐色，腹面灰黄色。——译者注

14

地下世界就像一栋高楼，其中居住着各种各样的动物。它们在那里躲避天敌、哺育后代和寻觅食物。

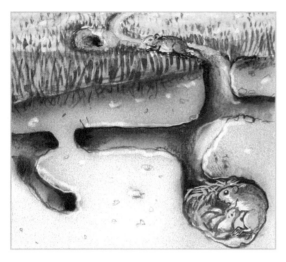

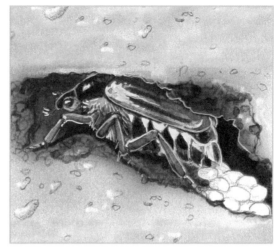

田鼠在地下打洞，这些洞穴彼此之间通过长长的通道连接在一起。

金龟子在产卵，幼虫蛴螬（qí cáo）破卵而出后会在地下生活若干年。

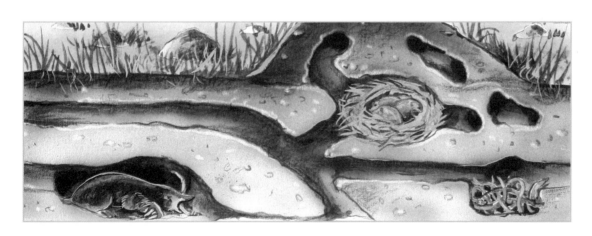

鼹鼠的巢穴四通八达。在一处稍大的穴室里生活着鼹鼠幼仔，稍小的穴室内贮存着鼹鼠的食物。鼹鼠在挖掘地道时会将掘出的土壤推到地面上，堆积形成明显的鼹鼠土丘。

蜘蛛猎手——结网蜘蛛和游猎蜘蛛

当清晨的露水挂在网上时，所有的蜘蛛网都变得无所遁形——原来草丛和灌木中生活着这么多蜘蛛啊！

园蛛每天都会编织一张新的圆网。蜘蛛网由一种有黏性，用于捕捉猎物的纤维组成。同时，蜘蛛在结网时也会分泌一种无黏性，用于自身行走的纤维。许多昆虫都会一不小心被蜘蛛网缠住。

并不是所有的蜘蛛都在蜘蛛网上捕猎。跳蛛和狼蛛会对昆虫进行埋伏，然后猛扑过去将其捕获。

蟹蛛会通过巧妙的伪装埋伏在花朵上，等待着昆虫上门。

皿网蛛编织的蜘蛛网呈扁状，上面的特殊纤维能缠住许多昆虫，这些昆虫是华盖蛛的美食。

夏末的时候蜘蛛会吐出一根长长的蛛丝，这根蛛丝要足够长，这样才能随风飘荡在空中，指引蜘蛛找到新的生活空间。一些蜘蛛甚至用这样的方法越过了海洋或阿尔卑斯山。

小甲虫和大甲虫

甲虫的外形多种多样,有圆有长。所有的甲虫都长有坚硬的翅鞘来保护柔弱的翅膀。

天牛用它长长的触角采集花粉。天牛喜欢寄生在木材中,它对树木的危害性很大。

夏天,萤火虫栖息在白色花朵上。图中这对萤火虫正在交配。

瓢虫会将卵产在蚜虫经常出没的地方,孵化出的幼虫以蚜虫为食物。瓢虫的幼虫会先化为蛹(图中左边),破蛹而出后就变成了成年瓢虫。

有了翅鞘的保护，甲虫就可以安全地生活在其他昆虫易受伤害的环境中，比如茂密的灌木丛或土壤中。

马铃薯甲虫原产自北美，这种甲虫喜欢啃食马铃薯的叶子。

花灌木上生活着通体金绿色的花金龟，它们的幼虫在蚁巢中长大。

这只斑蝥（bān máo）捕获了一条蚯蚓。所有的步行虫都会在地面上捕食其他昆虫、蠕虫或蜗牛。它们通过快速行走追赶猎物，并用其强有力的口器将猎物俘获。

草地歌手

夏天的晚上，草地里响起了一片络绎不绝的叫声。蟋蟀、绿色或褐色的蝗虫都是六条腿的歌唱家。

蝗虫凭借长而有力的后腿可以跳很远，它像小提琴手一样发出嘹亮的"唧唧"声。草螽是通过后腿和翅膀外缘相互间的快速摩擦发出声音。

草蜢的触角很短，它们唯一的食物就是植物。而螽斯①（zhōng sī）的触角很长，除了植物之外也吃毛虫。

许多蝗虫都长着长长的翅膀。有些蝗虫翅膀上长有红色条纹，因此飞行中的它们会变得十分显眼。蝗虫的幼虫和成虫看上去基本相似，它们的翅膀要在几次蜕皮之后才会长出来。

雄性蟋蟀用左右两翅相互摩擦，发出响亮的叫声吸引雌性。

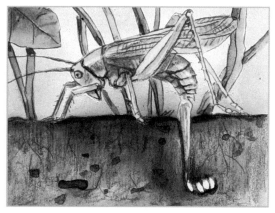

雌蝗产卵时，会将它那长长的产卵管插入土中。

① 螽斯：昆虫。善于跳跃，一般吃其他小动物，有的也吃植物，是农林害虫。——译者注

花的访客

香甜的花蜜和营养丰富的花粉吸引着无数昆虫前来采集，如蜜蜂、熊蜂、蝴蝶、甲虫以及蝇类等。

熊蜂正在吸吮鼠尾草上的花蜜，它那毛茸茸的体表沾满了花粉。

野蜂将采集到的花粉装入后足的花粉篮中，带回蜂巢。

蝴蝶用它长长的虹吸式口器可以吮吸到花萼深处的花蜜，而蜜蜂和熊蜂却不能。蝴蝶会在吸食完花蜜之后将虹吸式口器再次卷起，然后飞走。

昆虫可以帮助花朵授粉。如果没有蜜蜂和熊蜂，许多植物将无法受精和结果。

虽然食蚜蝇的外表看上去同胡蜂十分相似，但其本身却没有叮咬能力。它们仅能仿效胡蜂做出螫刺动作。

蝇类同样喜食花粉和花蜜。

蜜蜂可以将花蜜酿成蜂蜜，它们汲取大量花朵的花蜜，将采到的花蜜贮存在蜜囊中，等蜜囊装满之后飞回蜂巢，将花蜜吐到巢房内。

草地里的嗡嗡声

花朵间生活着无数的昆虫，它们通过色彩和形态成功地伪装了自己，要想看清它们的位置的确有点困难。

草地里的嗡嗡声：熊蜂在花间飞舞；胡蜂在吸食花蜜，为幼虫捕捉毛虫；瓢虫正忙着捕食蚜虫。

所有昆虫的身体都分为头、胸、腹三部分。昆虫的六条腿和飞行昆虫的两对翅膀都位于胸部。

黑条红椿象以白色的伞形科植物为食，稻绿蝽经常吸食覆盆子和悬钩子的汁液。当你吃到被稻绿蝽吸食过的浆果时，你会发现果实的味道极其苦涩，令人难以忍受。

新鲜牛粪上落满了粪蝇和其他蝇类，它们将卵产在肥沃的牛粪上。

尖胸沫蝉的幼虫在草茎上吐沫筑巢，泡沫状的巢穴看上去像极了唾沫。

色彩斑斓的蝴蝶

蝴蝶的翅膀上覆盖着细小的、色彩鲜艳的鳞片。有些种类的蝴蝶，雌蝶和雄蝶翅膀上的色彩并不相同。

蝴蝶幼虫孵化之后会大量进食，在幼虫生长过程中要经过几次蜕皮。当它停止进食，吐丝成蛹，化蛹成蝶后就能飞走了。

斑蛾的翅膀上带有红色的斑点，以此来警告它的天敌鸟类，它是有毒的。

红襟粉蝶会将卵产在其幼虫喜爱的食物草甸碎米荠的茎秆上。

蝴蝶的独特之处是它那长长的、可蜷缩成螺旋状的虹吸式口器。当它进食时，虹吸式口器才会伸展开来。

飞行状态下的小豆长喙天蛾同蜂鸟十分相似，它停在空中，津津有味地吸食着香甜的花蜜。

夏天破蛹而出的蜘蛱蝶（图上）不及春天破蛹而出的蜘蛱蝶（图下）的翅膀颜色鲜艳。

灰蝶喜欢在土地上吸食，从而获取生命所需的矿物质。

昆虫繁殖

昆虫会将卵产在叶片上、茎秆上或是土壤中。孵出的幼虫一生都会不停地进食，直至化蛹。

一般蚜虫的繁殖方式是卵生。但当雌蚜虫摄取过量食物时，也会直接产下幼蚜。

蝴蝶幼虫会化蛹，经过一段时间的孕育后，成虫就会破蛹而出。

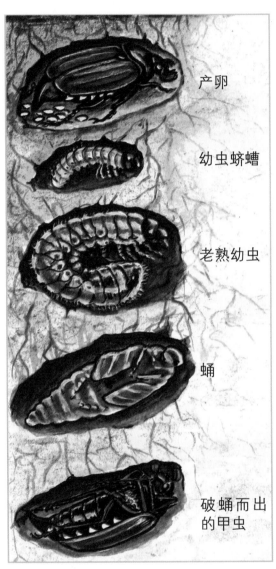

产卵

幼虫蛴螬

老熟幼虫

蛹

破蛹而出的甲虫

金龟子将卵产在土壤里，幼虫在化蛹前的四年时间里以植物根系为食。

不是所有的昆虫都要经过化蛹。有些昆虫孵出时的形态就已经和它们的父母十分相似了，只不过个头要小些。

雌蝗将卵产在土壤中，孵化出的幼虫会钻出地表，每隔几周会蜕一次皮，经过五次蜕皮之后就可以变成成虫。

昆虫王国里的生活

大多数昆虫都是单独生活。而蜜蜂、胡蜂和蚂蚁同其他成员一起过着群居生活。

在蚂蚁的巢穴中，蚁后不停地产卵，工蚁则负责收集食物。

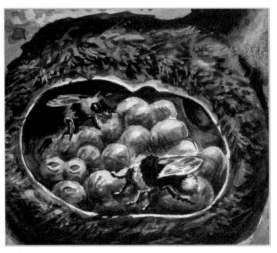

熊蜂通常将巢穴建造在鼠洞中，它们的幼虫在蜂房内长大。

黄边胡蜂是欧洲最大的胡蜂。它们从木头上刮下木屑并将其吞咽，木屑与其唾液混合后会变成纸，胡蜂就是用这种纸建造出令人叹为观止的蜂巢。

雌性工蜂负责喂养幼蜂、守护蜂巢、照顾蜂王。雄蜂只有在交配时期才会出现。

胡蜂的蜂巢是用它们自己制的纸建造的。一定要离蜂房远点，小心被螫。

雌性工蜂通过一种特殊的腺体分泌蜂蜡，筑造蜂房。

图中的蜂房生长着蜜蜂的幼虫，其他蜂房中贮存着蜂蜜。

田野上空的歌手

草地和田野旁的灌木丛中生活着多种鸟类，高高的天空中盘旋着隼形目猛禽，它们在寻找猎物。

木桩上停落一只白鹡鸰（jí líng），树梢间停留着一只欧歌鸫（dōng），铁丝网上是一只雄性黄鹀（wú）。麻雀们在啄食谷粒，一只云雀飞上蓝天，一只老鹰在天空中盘旋。

雄鸟通过鸣叫声来霸占自己的领地，它们用这种方法吸引雌性、赶跑雄性。

这只长着鲜黄色羽毛的雄性黄鹂在灌木丛中鸣叫着："我是多么、多么、多么的爱你啊！"

云雀在高空中振翅飞翔，放声歌唱，有时人们几乎看不见它娇小的身影。

红背伯劳的食物有甲虫、蜘蛛、蝗虫和老鼠，它们会将捕捉到的老鼠穿挂在荆棘上。

隼形目猛禽

鸟类中的隼形目猛禽是白天捕食的猎手，它们以老鼠、兔子、小鸟、鱼和昆虫为食。

普通鵟是欧洲最常见的隼形目猛禽，它们有时在路旁高处站立等待途经的动物，有时在空中盘旋鸣叫，寻觅地上的老鼠。

隼形目猛禽大多数时间都在高空中盘旋飞翔，很少在近距离捕获猎物。人们可以通过其在空中的飞行姿态认出它们。

隼类飞行时可以停留在空中某个地方，原地快速地扇动两翼。

这只乌灰鹞（yào）在给它的孩子们喂食。乌灰鹞从刚出生就会被父母用鲜肉喂养。

在田野上空，老鹰也十分常见。图中老鹰的利爪下抓着一只老鼠。

灰山鹑、凤头麦鸡和雉鸡

灰山鹑（chún）是田野和草地中一种十分典型的动物，它们啄食地面上的种子、昆虫、蠕虫和绿色植物。

当狐狸或散步的人靠近时，藏匿在田野中的灰山鹑会突然飞起。这时，你会听到"扑棱棱"的声响，这种声响对敌人起到一定的惊吓作用。

灰山鹑在地面孵卵，人们很难在草丛中发现灰山鹑的卵。

凤头麦鸡也在地面产卵，孵卵由雌雄凤头麦鸡轮流承担。

雉（zhì）鸡原本只生活在亚洲。因为欧洲早先的贵族阶层很喜欢狩猎雉鸡，所以许多雉鸡被引进了欧洲。

雄性雉鸡的羽毛色彩非常华丽，雌性雉鸡的羽毛呈褐色，这样雌鸡在孵蛋时就不容易被天敌发现。成年雉鸡以种子、果实、绿叶为食，雉鸡幼时以昆虫和蜘蛛为食。

田野上的乌鸦

乍看之下，小嘴乌鸦、寒鸦和秃鼻乌鸦形态相近。这些黑色鸟类都长有坚硬有力的黑色鸟喙。

尤其到了秋冬季节，到处都是小嘴乌鸦。在寒冷的冬天它们结群活动，而夏天就单独或两两结伴出来觅食。

到了秋天，乌鸦会聚集在收割完的田地里觅食。和小嘴乌鸦不同的是，秃鼻乌鸦的面部呈浅白色。

秃鼻乌鸦啄食田地里的种子，刨食土壤中的蚯蚓，找寻昆虫和小蜗牛，有时也吃老鼠。到了夜晚，成群的乌鸦会栖息在高高的枝头上。

小嘴乌鸦叼衔嫩枝在树冠上建了个大大的鸟巢，并会用潮湿的泥土将其加固。

喜鹊的羽毛在阳光下闪闪发光。喜鹊喜爱的食物有昆虫、蜘蛛、蠕虫和蜗牛。

老鼠和仓鼠

老鼠会啃食植物根系、树皮、种子和谷粒。在食物充足的条件下，老鼠一年中能多次怀胎，每胎可诞下十多只幼鼠。

许多草地中都有老鼠出没。冬天过去后草地里到处都是老鼠留下的痕迹。它们在草地下面挖掘地道，连接地下巢穴的入口和出口。

老鼠通过挖掘长长的地道将巢穴内单独的穴室连接起来，它们在那里躲避天敌、休养生息、贮存粮食和哺育后代。

巢鼠在左右摇摆的谷物茎秆上建造
球状巢穴，它是个攀爬高手。

仓鼠鼓鼓的颊囊内塞满了食物，
它是用这种办法来搬运食物的。

捕食老鼠

老鼠和其他啮齿目动物是许多动物的美食，其中包括赤狐、伶鼬（líng yòu）和白鼬。

伶鼬体型很小，它能挤进鼠洞，捕食里面的老鼠。而狐狸则是悄悄接近老鼠，猛地一扑将其捕获。

除了隼形目猛禽之外，在白天捕食老鼠的动物还有鹭和鹳。

苍鹭原本是个捕鱼高手。它们在水边埋伏，耐心等待过往鱼儿，有时一等就是数小时之久。有时苍鹭也捕食老鼠，它们会一动不动地站立或漫步在田野中。

白鼬是个勤劳的捕鼠高手，冬天里它的毛色会变成白色，这样更方便伪装。

白鹳以蛙类、老鼠和蠕虫为食，可惜这种动物的数量已经越来越少了！

43

黄昏时分，刺猬嗅着味道出来觅食了。它们以蠕虫、昆虫、蜗牛和鸟蛋为食。

白天的时候，刺猬隐藏在落叶堆、灌木丛或矮树丛中休息。到了秋天，刺猬会建造一个舒适的巢穴作为冬眠之所，它们会在巢穴中度过寒冷的冬季。

草地上的鼹鼠土丘意味着，那里住着一只鼹鼠。

鼹鼠在地下挖掘的巢穴由四通八达的地道和穴室组成，它通常在巢穴内觅食。

在遭遇危险时，刺猬会将身体蜷缩成一个刺球，这样就可以保护自己柔软的肚子了。

如果有敌人想要捉住刺猬，就会被它那尖锐的刺扎到，而不得不立刻放开。

45

野兔和穴兔

欧洲野兔和穴兔看上去非常相像。尽管如此，如果你了解它们的生活习性，那么就可以很轻松地将它们区分开来。

欧洲野兔生活在草地和原野上。只有在春天寻找配偶的时候，才能看到许多野兔聚集在一起，然后雄兔会互相搏斗或是追逐雌兔，如果失败它们就只能独自生活了。

同野兔不同，穴兔是种穴居动物，它们会在地下挖掘洞穴，而野兔往往藏身于浅坑内。

野兔的体型比穴兔大，耳朵也比穴兔长。它们独自生活在田野上。

穴兔生活在地下的兔穴中，它们在这里繁衍后代。

穴兔一般在它们的洞穴入口处玩耍觅食，一有危险，它们会马上钻入洞穴中。穴兔有很多天敌，如狐狸、鼬和隼形目猛禽等。

仔细观察动物吧！这样你就会了解很多关于它们的知识。还得学会仔细察看，有时人们要多看上几眼才能发现它们的存在。

等足目、蠕虫、蜗牛和多足纲等动物惧光。它们在白天会潜伏在阴湿之地，人们经常会在石头下面发现它们。

抓把叶子或松软的泥土，放进粗网眼的笊篱中。在一张白纸上方小心地晃动笊篱，很快你就会看到石蜈蚣、弹尾虫和一些其他陆生动物从笊篱中掉下来。

你可以用玻璃杯、抄网或者空酸奶盒来捉这些小动物，学会注意别把它们弄伤了。

小心地将毛虫连同它的食物放进玻璃器皿中，这样就可以观察毛虫的进食过程了。

将毛虫或你不认识的小动物放进昆虫放大杯中，就可以观察到放大之后的它们了。

抄网可以用来捕捉蝗虫和甲虫。

小心地将蚯蚓放到手掌上，你会感觉到触感凉凉的蚯蚓在你的手掌上来回扭动。

春天、夏天和秋天

春天里万物复苏，鸟类、哺乳类和其他类动物纷纷开始寻找配偶，繁殖和哺育后代，直至夏天来临。

乌鸫在春天会用嫩枝筑巢，准备在鸟巢内孵化并哺育幼鸟。

冬天，瓢虫会在藏匿处冬眠，直到温暖的夏天来临时，它们才会爬出来。

每只蜗牛都既是雄性，又是雌性，生物学家称其为雌雄同体。夏天蜗牛在交配的时候，腹足彼此相连，然后互相受精。

秋天，许多鸟类表现得很活跃，它们结成群体，飞向千里之外气候温暖的南方。

燕子在飞往非洲的遥远旅途中会经常在电线上歇脚，它们到春天才会飞回来。

漏斗形沙坑不仅为蚁狮遮蔽了日光，更是它捕捉食物的陷阱。

鸣叫的紫翅椋鸟

动身飞往冬栖处

阴影部分为紫翅椋鸟的冬栖处

秋天的时候，在欧洲出生的紫翅椋鸟会迁徙到南欧和北非。

冬天

在冬天，蜥蜴、蛙类、蜘蛛、瓢虫和一些哺乳动物会冬眠。其他动物则会寻找食物或依靠存粮度过冬季。

狍子在夏天单独生活，冬天时会聚集在一起。于是，即使在冬季的白天，你也会看到这些极其胆小的动物，在冰雪覆盖的田野上寻觅食物。

到了秋天，许多鸟儿都飞往温暖的南方。对于那些留下来的鸟儿来说，冬天里食物十分匮乏，尤其是到了下雪的时候。这时你就会发现雪地上留有大大小小鸟儿们的足迹。

森林里的动物

森林

很久以前，整个德国都被森林覆盖着。后来，人们毁林开荒，砍伐树木来取暖，建房。

混交林由阔叶树和针叶树组成。在秋天，阔叶树的叶子会脱落。树冠里、树干上、树根间以及茂密的灌木丛中生活着许多动物。此时马鹿是这片森林的王者。

森林分为许多不同的类型，沿河一带生长着洪泛森林，那里是海狸的天堂。而分布在山脉间的森林是针叶林。

山坡上生长着由云杉、冷杉和山毛榉形成的针叶林。

因为树木生长得异常茂密，所以针叶林中阴暗潮湿，而这里也正是凤头山雀的栖息之地。

每当春季来临，冰雪融化，河水上涨。洪泛森林就会被洪水淹没，土壤也因此变得肥沃。过不了多久就是春暖花开的季节了。

四季

春回大地，万物复苏，鸟儿叽叽喳喳地唱着歌，昆虫从冬眠中醒了过来。到了夏天，许多动物又都安静了下来。

还没等枝头长出新叶，地上的花朵就争先绽放了。鸟儿们欢叫着寻找配偶。

夏天里的森林变得十分安静，鸟儿们整天忙着寻觅食物，喂养它们饥饿的孩子。

秋天里，动物们长出厚厚的脂肪，处在北方的它们选择贮存粮食、向南迁徙或是寻找一处安全的冬眠场所。

秋天的时候，松鸦和老鼠会将山毛榉、橡树和其他植物的果实储藏起来，过冬时食用。

冬天的森林里，鸫鸟会成群结队地扑向那些还长着果实的灌木丛。

森林里的成层现象

在森林中你可以发现不同的层次。数十米高的大树的树冠层形成了一把森林保护伞。

森林里最底层是土壤层，这里是树根、花草和灌木丛的王国，笔直的树干构成了中间一层，最顶层是枝桠繁茂的树冠。

不同的层次中生活着不同的动物。它们在那里寻找食物、哺育后代和度过寒冬。

老鼠无声地掠过地表，鹪鹩（jiāo liáo）在森林的下层建造自己的球状巢穴。

普通鵟在高高的枝桠上哺育后代，它喂食鲜肉给它的孩子们。

大斑啄木鸟是树干上的王者，它们啄掉树皮，寻找树洞中的昆虫和幼虫，它们敲打树干，为伴侣谱写一支响亮的歌曲，它们还会在树干上啄凿出一处洞穴作为幼鸟的巢穴。

阔叶林和针叶林

大部分针叶树的树叶形如针，除了落叶松之外，其他树种皆为常绿乔木。球果中长有植物种子。

冷杉的球果直立在枝头，它们不会脱落，而是会裂开。

落叶松的针叶呈簇生状，秋天叶子会变黄脱落。

云杉是欧洲最常见的一种针叶树，它的球果悬吊在枝头。

阔叶树的叶片宽大、柔软。每年秋天，生长在欧洲的阔叶树叶片都会变色，然后脱落。

山毛榉是欧洲常见的一种树，秋天的时候三角形的山毛榉果成熟，果实外包裹着多刺的壳。

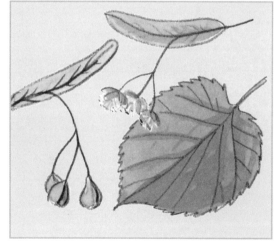

橡树长得高大挺拔，春天的时候雄花会垂吊在长长的荑荑（róu tí）花序上。

椴（duàn）树长得雄伟，散发着香气的花朵中长出豌豆粒大小的果实。

橡树上的动物

许多动物的名字都同植物或树木有关，尤其是那些生活在橡树上的动物们。

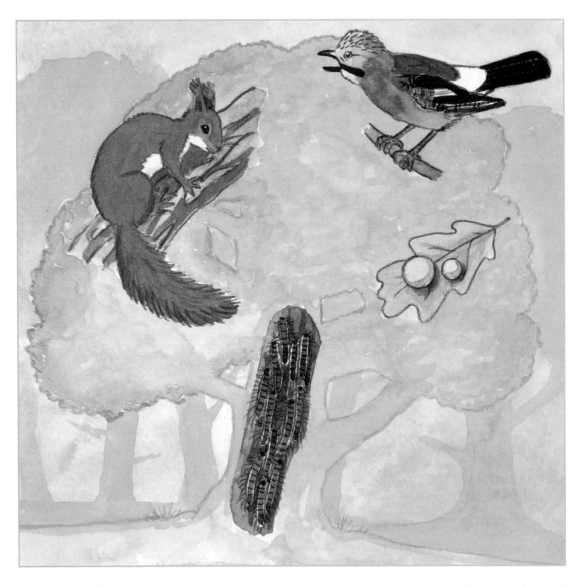

秋天时，松鼠和松鸦会集结到橡树上。橡树叶上的圆球内生长着橡树瘿（yǐng）的幼虫。橡树蛾的幼虫会啃食橡树叶。

橡树上的昆虫种类尤其多，比如象鼻虫和橡树金吉丁。

一只松鸦用喙叼走了橡子。

这颗没被松鸦发现的橡子会在春天长成一棵新橡树。

箭丽虎天牛是一种仅在橡树上生活的甲虫，它会将卵产在树皮中。

秋天时松鸦会将橡子埋进土里，当做冬天的存粮，这些橡子经常会在下雪时被它们挖出来。

一只蓝灰蝶停留在橡树的树冠上，它在吸食蚜虫分泌的蜜露。

森林里的食物链

每种生物都以其他生物为食，森林中也是这样：食草动物以植物为食，食肉动物又以食草动物为食。

森林里的食物链

欧亚鸲（qú）

雀鹰

蝴蝶幼虫

发芽的橡
树种子

死掉的雀鹰

毛虫食取树叶，接着它又被欧亚鸲吃掉。雀鹰吃了欧亚鸲，而它死后尸体会腐化分解，成为土地的肥料。橡树则是通过吸收土地中的这些养分茁壮成长起来。

那些以其他动物为食的动物是食肉动物，食肉动物包括：刺猬、狐狸、鼬、猫头鹰、隼形目猛禽以及掠食性昆虫。

松貂是个灵活的捕猎者，它在夜间出来觅食，能够捕捉到大老鼠。

埋葬虫、蜣螂和蠕虫以动物尸体为食，它们是森林里的清道夫。

图片中的动物属于食草动物：毛虫啃食植物叶子，狍子啃食植物嫩枝和花蕾，兔子吃草和植物果实，老鼠咬食种子和谷粒，鸟类啄食植物果实和浆果。

蘑菇和动物

秋天的森林里遍地都是各种各样的蘑菇。许多动物都以蘑菇为食，但有些蘑菇对人类来说却是有毒的。

野兔、狍子、松鼠和老鼠啃咬着蘑菇的菌盖，野猪用嘴拱开土地，寻找那些还没冒出头的蘑菇，蜗牛也喜欢啃食蘑菇的菌盖。

菌盖散播孢子进行繁殖。许多蘑菇只生长在特定的树木或灌木丛边。

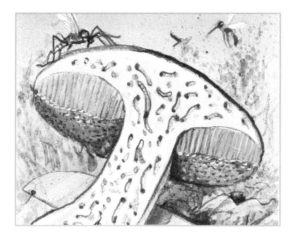

一些苍蝇和蚊子将卵产在蘑菇中，它们的幼虫生长在蘑菇里。

松鼠将蘑菇存放在树木或者灌木丛的枝杈上当做储粮。

从蘑菇上的咬痕可以推断出那些以蘑菇为食的动物。左侧蘑菇上的窟窿是甲虫咬的，右边数第二个蘑菇上的咬痕是松鼠留下的，右边数第一个蘑菇上的咬痕是狍子留下的。

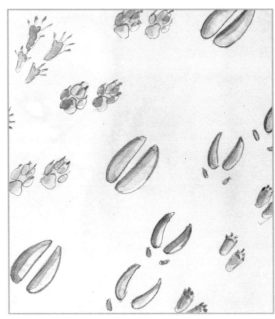

所有的鸟类每年都要换一次羽毛，人们可以通过羽毛的颜色和形状来辨别鸟的种类。

松软的雪地上留下了松鼠、狐狸、鹿、野猪和老鼠的脚印。

许多动物喜欢偷食鸟巢中的鸟蛋，吃剩的蛋壳落了一地。
这也许是乌鸦趁着鸟巢内无鸟看守时偷走了这颗鸟蛋。

欧歌鸫熟练地敲碎了蜗牛壳，吃掉蜗牛壳里的美味。

普通鸸（shī）将坚果牢牢嵌入树皮狭小的缝隙中，然后将这枚植物种子啄开。

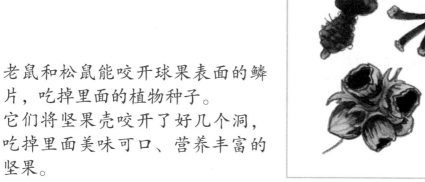

老鼠和松鼠能咬开球果表面的鳞片，吃掉里面的植物种子。
它们将坚果壳咬开了好几个洞，吃掉里面美味可口、营养丰富的坚果。

森林里的动物幼仔

春天和初夏是动物产仔的季节，紧接着父母就要忙着喂养幼仔了。

小鹿吮吸着母亲的乳汁。它出生在六月份，出生时体长就已经有60厘米了。

六个月大的野猪仔皮毛上会长出纵条花纹。

新出生的小狐狸在地下巢穴中度过了它在这个世界上的第一天。图中的小狐狸们在玩耍嬉闹，从嬉闹中学会它们所必备的生存本领：如何辨别气味以及如何追踪猎物。

刚出生的小松鼠身上没有长毛，眼睛也看不见东西。而两个月大的小松鼠就可以离开巢穴了。

小狍子隐藏在草地中，它身上没有任何体味，这样它的天敌就无法找到它了。

灌木丛中，榛睡鼠用青草建了个圆圆的巢穴并在此产仔。

榛睡鼠一胎可产七只幼仔，这些幼仔大约只需要母乳喂养三到四周，然后就会离开巢穴，独自生活。

森林里的夜晚

夜晚当你上床睡觉的时候，正是许多动物睡醒的时候。蝙蝠、猫头鹰、狍子、蜘蛛和夜蛾等在夜色的保护下开始觅食了。

早晚时分，狍子来到林中旷地或林缘地带的草地上吃草。

一只长耳鸮无声无息地翱翔在夜空中，没有谁能发现它，尤其是地上的老鼠。

蝙蝠飞行在夜空中捕食昆虫，它们会发出人耳听不到的声波，声波在遇到昆虫或障碍物时会反射回来，被蝙蝠所接收。

在昏暗的森林里你会时不时地听到猫头鹰和林鸮的叫声，灌木丛一阵窸窸窣窣的响声暴露了有只野猪在那里觅食。

森林里的夜晚，老鼠在地面上寻找种子和果实，雄狍在林间漫步，它的叫声像狗吠，猫头鹰在寻找猎物，田鼠是否已经发现夜蛾了呢？

保护色

为了生存下去，动物们必须躲避它们的天敌。一些鸟类的羽色呈褐色，这样当它们飞落到树杈上的时候就不会被发现了。

当欧夜鹰飞落到地面上或树枝上时，它看上去就像是一块树皮，这样可以保护它在白天休息时不被敌人发现。夜晚欧夜鹰会出来捕食夜蛾和甲虫。

一只绿色雨蛙紧紧地抓住一根粗壮的植物茎秆，这样它的伪装就完美了。

绿色毛虫可以自由自在地啃食树叶，而褐色毛虫休息时会停留在树枝上。

许多动物幼仔的皮毛能同它所生存的环境融为一体，这样它们就不会轻易被食肉动物发现了。

皮毛上浅色的纵条花纹对于野猪仔来说是很好的伪装，因为这些花纹看上去就像是树木在地面上投下的斑驳阴影。而小狍子皮毛上的白色斑点也起到同样的作用。

有毒的动物

有些动物，比如蜜蜂和胡蜂，它们为了防御自身安全而带有毒素。其他动物，比如蛇，它们会用体内的毒汁杀死猎物。

松异舟蛾幼虫周身都是浓密的毛。它身上的毛含有毒素，而且容易折断。如果刺入人类皮肤的话，会导致皮肤严重红肿。

像蜱（pí）虫这样的动物是不带毒的，但它们的唾液中却带有病原体，这种病原体通过叮咬处的伤口被注入人或动物体内。

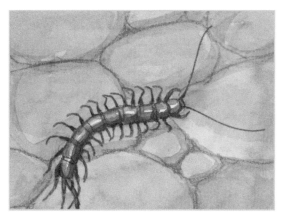

蜱虫

吸饱血液后约1厘米长

石蜈蚣生活在地面上。小型动物被石蜈蚣咬伤后会中毒致死，人被石蜈蚣咬伤后也会感觉到疼痛。

蜱虫蛰伏在草尖上，耐心等待途经的动物并准备吸食其血液。

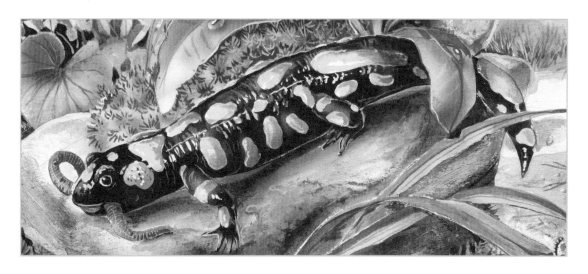

火蝾螈（róng yuán）身上的黄黑图案仿佛在警告鸟类和其他动物，它是有毒的。火蝾螈在遭受威胁时，皮肤上的毒腺会分泌黏黏的有毒物质，让敌人感到火辣辣的疼痛。

害虫和寄生虫

雌杜鹃会将蛋产于鸣禽的巢内，杜鹃幼雏就在那里生长。瘿蜂和瘿蚊会将卵产在叶片上。

山毛榉虫瘿

橡树虫瘿

玫瑰虫瘿

杜鹃幼雏会将同巢里的其他所有鸟蛋推出巢外，这样鸣禽夫妇就会只喂养它一个了。

叶片上的圆球就是虫瘿，里面生长着瘿蜂和瘿蚊的幼虫。

大自然不会因为动物繁殖过多而造成威胁。但如果人类打破自然界的平衡，动物就可能因繁殖过多而变成害虫。

鳞翅目中的一些昆虫有可能变为害虫，比如舞毒蛾（图左）、模毒蛾（中间）和松异舟蛾（图右），它们的幼虫能将树上的叶子全部吃光。

小蠹（dù）是森林里的重要害虫。雌虫将卵产在生病的树木体内，然后幼虫会在树木内蛀食出许多长长的坑道，坑道内长满真菌，继续对树木造成破坏。

濒危动物

有些生活在欧洲的动物已经濒临灭绝，因为人类抢占了原本属于它们的生存空间。

雕鸮是世界上体型最大的猫头鹰，它们的翅膀展开时可达1.7米。很久以前雕鸮生活在欧洲各地的山林中，如今，人类保护着它们的巢穴和幼鸮。

许多动物在现代社会非常少见，人们在试图帮助这些濒临灭绝的动物种群，目前救援行动已初见成效。

欧洲深山锹甲体型很大，它的幼虫在成年之前会在地下生活八年。

生性胆小的猞猁（shē lì）捕食的时候十分勇猛。人们正在试图将猞猁重新引入欧洲。

野猫的外形看起来像一只大些的家猫，但它的性情可一点也不温顺。在很长的一段时间里，野猫都是人类捕杀的对象，因此现今这些捕鼠能手仅仅存活在欧洲的少数地区。

森林里的外来动物

欧洲的森林里生活着一些外来动物，它们原来的故乡在美国、亚洲或是地中海沿岸的国家。

很久以前，欧洲的森林里只有马鹿和狍子，黇鹿原本生活在小亚细亚地区。100年前猎人将其引入欧洲，而今这一小型鹿种已经遍布全世界了。

人们称新来的动物为移民，它们中有些是从毛皮动物养殖场里逃出来的，有些是作为贵族的狩猎对象引入到欧洲的。

毛茸茸的貉子也是从毛皮动物养殖场里逃出来的，它的故乡在亚洲。

浣熊来自美国，它也是毛皮动物养殖场的逃亡者之一，今天也生活在欧洲。

盘羊翻越了阿尔卑斯山来到欧洲。这种雄羊头顶长着弯弯的角。

落叶堆里的生命

森林地面上的落叶中生活着无数的昆虫，它们以树叶为食，同时它们的粪便又成为了土地的肥料，使植物得以生长。

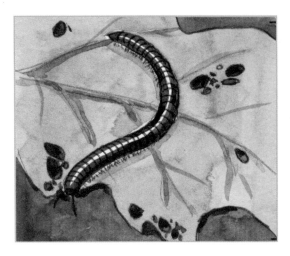

欧洲的多足纲动物最多有260条腿，在遇到危险时它们会卷曲成螺线圈。

石蜈蚣和地蜈蚣是掠食者，落叶堆中的蠕虫和蚯蚓被其咬伤后会中毒而死。

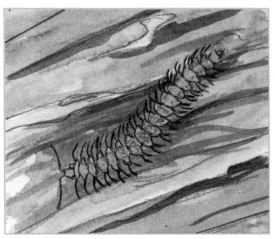

等足目动物属于甲壳纲动物，它的呼吸器官是腿部的腮，它们生活在潮湿、阴暗的落叶堆中。

带马陆目动物带毒性并且看不见东西，它们会将卵产在树皮或伐倒的树木下。

跳蛛是种极小的原始昆虫，当它们受到打扰时，就会高高地跳起。

蛞蝓（kuò yú）在用齿舌刮食树叶和蘑菇时会发出沙沙的响声，它们身上已经没有外壳了。

盲蛛在植物之间寻找着死去的昆虫作为食物。在遭遇危险时它会断腿逃生。

狼蛛在地面上捕猎。母蛛会将狼蛛卵和小狼蛛带在身边。

蜘蛛是经验丰富的捕食者，它们以昆虫为食。有些蜘蛛会织网捕猎，有些蜘蛛则会伏击猎物。

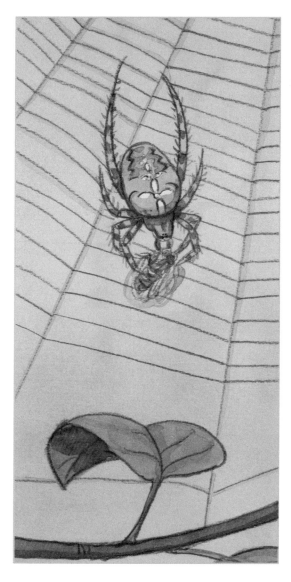

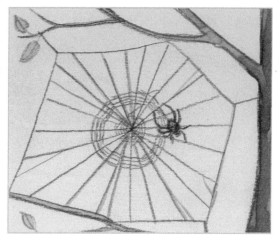

园蛛每天都会编织一张新网，蛛丝带有黏性，可以缠住猎物。

园蛛快速地移动着，它将苍蝇用蛛丝缠住，并将毒液注入苍蝇体内将其杀死。

跳蛛不结网，它们会在很远外发现猎物，然后猛地跃起将其捕获。

森林里的甲虫

看到坚硬的翅鞘你就要意识到这是一只甲虫。有些甲虫是捕食者，有些甲虫以叶片、粪便和动物尸体为食。

欧洲深山锹甲的口器是两个巨大的钳子，这是同对手抗衡的武器。它用毛刷一样的舌头舔食从橡树伤口处溢出的树汁。

黄昏时分，林缘地带有一大群六月鳃金龟嗡嗡叫着，它们在啃食树叶。

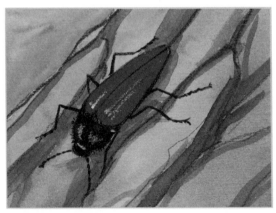

在遇到危险时，叩甲科的甲虫会借助胸部和后腹部的关节高高跳起，并发出咔嚓一声。

埋葬虫和蜣螂（qiāng láng）是森林里的清洁工，为了后代它们会将动物尸体埋入土下，然后幼虫以此为食。

 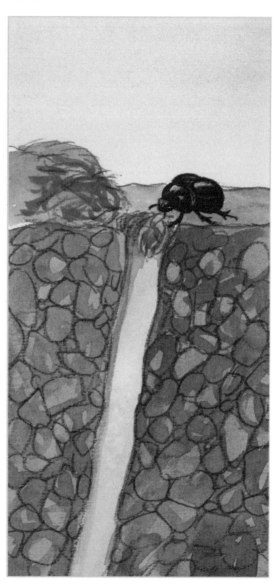

埋葬虫将一只死去的老鼠埋入土中，然后在其尸体上产卵。

雄蜣螂会将粪球推入雌蜣螂挖掘的地下通道中。

红褐林蚁

红褐林蚁王国由许多工蚁和一只蚁后组成。蚁后的体型最大，它生活在蚁巢正中的位置，由其他蚂蚁饲喂照料。

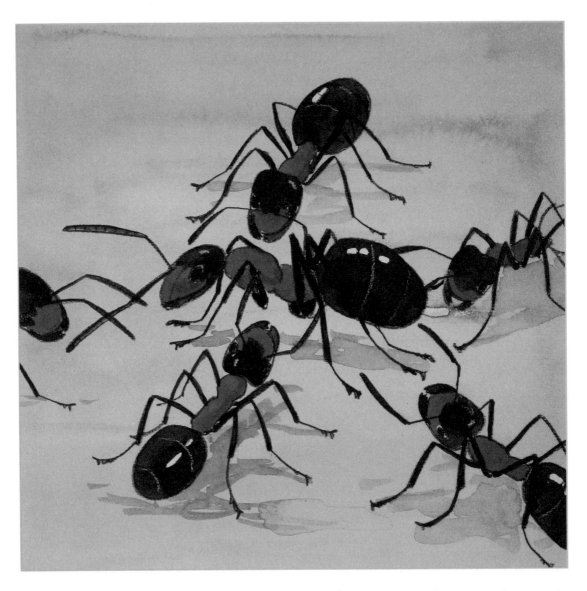

整个蚁巢中只有蚁后可以产卵，工蚁负责将蚁卵移到孵化室内，幼虫孵出后会被转移到另一处穴室，由其他蚂蚁喂养长大。

红褐林蚁居住在由针叶和树枝建造成的大型蚁巢内，蚁巢有很多出口，而且都深入地下。

地上的蚁巢

地下的穴室

蚁后

雄蚁（左边）

工蚁（右边）

在夏天，那些长着翅膀的雄蚁和雌蚁从蚁巢中蜂拥而出，它们这是要出去交配。

蚁巢内的通道连接着许多穴室，穴室里除了贮存着粮食外，还安放着蚂蚁的卵、幼虫和蛹。

工蚁排起了长长的队伍，将昆虫、种子和蜜露搬运回巢。

91

丁目大蚕蛾会将卵产在幼虫赖以为食的嫩叶上。

绿豹蛱蝶在花间飞舞，尤其喜食大蓟（jì）花。

鳞翅目昆虫那大大的、艳丽的翅膀格外引人注目，看上去就像覆盖着鳞片的屋顶一样。

豹灯蛾在遇到危险时会将后翅上的红黑图案展示给敌人看。

帕眼蝶喜爱阴凉的森林，它们在林间小路旁的花丛中翩翩飞舞。

蜘蛱蝶会在荨麻叶的背面产下高高的塔楼状的卵。

铃蟾（chán）是非常小的两栖纲动物，多栖息于水中。红腹铃蟾和多彩铃蟾都是铃蟾的一种。

春天时铃蟾会将卵产在林间小路旁的深水坑中。

人们经常会将没有危险的盲蛇蜥同蛇类混淆，其实它属于不长腿的蜥蜴。

春天的时候，雌性蟾蜍会将雄性蟾蜍背在背上带入水中。

图中的小水游蛇刚刚破壳而出，这些小蛇出生后立刻就能独立。

火蝾螈在夜晚会变得活跃起来。夏季一场雨水过后，人们在白天也可以看到它们。

树干上的鸟类

啄木鸟用它那坚硬有力的鸟喙敲击着树干,它在寻找生活在树皮下的昆虫及其幼虫。

黑啄木鸟是欧洲森林里体型最大的啄木鸟,它和乌鸦差不多大小。

啄木鸟的尾巴可以支撑它在树干上啄虫取食。

大斑啄木鸟会在树干上啄凿出一个深深的树洞,雏鸟就在那里生活。

树干上不仅生活着啄木鸟,普通鸭和旋木雀也在树干的裂缝中找虫吃。

绿啄木鸟经常飞落到地面上,用它那黏黏的舌头将蚂蚁从蚁巢中卷出来。

当啄木鸟弃洞的洞口对于普通鸭来说太大的话,它就会衔回黏土填补洞口。

旋木雀沿着树干自下而上,一跳一跳地攀爬上去。

猫头鹰——夜空中的鸟

猫头鹰在夜晚捕食老鼠和小型鸟类，它的大眼睛在漆黑的夜里也能够看清所有景象，而且任何声响都逃不过它敏锐的耳朵。

猫头鹰之所以能够无声地飞行，靠的是它那对羽毛构造奇特的翅膀。它能够听到老鼠发出的任何轻微的声响，而老鼠却无法感知猫头鹰的存在，轻易地就被其捕获了。

猫头鹰雏鸟的身上长满了绒毛，看上去就像一个个小毛线团。它们在鸟巢内大声叫着讨要食物。

猫头鹰进食时会将猎物整个吞咽下去，然后再将食丸，也就是消化不掉的骨头和毛发形成的团状物吐出来。

灰林鸮在欧洲也十分常见，有时甚至在市中心你都会听见它那特有的叫声。

灰林鸮生活在宽敞的树洞里，白天喜欢栖息在树枝上。当鸣禽发现它时，就会尖叫着在它四周飞来飞去，仿佛在对它说："我已经发现你了。"

普通鵟、雀鹰、苍鹰和老鹰用它们锐利的钩爪捕捉猎物。它们坚硬有力的鸟喙可以将猎物撕成碎块。

雄性雀鹰主要以鸣禽为食，图中的雀鹰捉住了一只乌鸫。

雌性雀鹰的体型、重量都要比雄性雀鹰大一些，它们可以击败大型的斑尾林鸽。

普通鵟翱翔在天空中，它那锐利的眼睛可以发现地面上任何一只老鼠。

游隼是速度最快的鸟类。它俯冲的速度可达每小时200千米。

游隼只捕捉飞行中的鸟类，在遇到如林鹞一般大小合适的猎物时，它会从上方俯冲下来，扑向猎物。

普通鵟站在高高的柱子上，伏击过往的猎物。此外，它们还喜欢栖息在道路两旁。

这就是隼形目猛禽进食后的景象，斑尾林鸽已经被吃得只剩下羽毛了。

树冠中的景象

树冠是鸟类的天堂，是它们安定的居所，因为茂密的树叶可以保护它们不被天敌发现。

当敌人或人类试图接近松鸦时，尖锐刺耳的叫声是它们对森林里所有动物发出的预警。在冬天，森林附近的居民区里你也会看到这类羽毛艳丽的大型鸦科鸟类。

在树枝的保护下鸟儿们可以在白天或是夜里安稳的休息。春天来临的时候，它们会在茂密的树叶中营巢。

一只处在发情期的雄松鸡会发出短促尖锐的"咯咯"声。它在欧洲的数量已经越来越少了。

斑尾林鸽最初会喂食雏鸟一种自它颈项处的嗉囊中，分泌出来的乳汁。

黄昏时分，丘鹬（yù）才会出来寻觅地面上的蚯蚓和昆虫。

之所以称它们为鸣禽，是因为这些小鸟可以唱出美妙动听的歌声。它们用歌声来寻找配偶、宣告领地。

红交嘴雀正用它那上下交叉的喙取食球果里的种子。

红腹灰雀和其他燕雀科鸣禽一样长着坚硬的鸟喙，并能咬断植物的嫩芽。

银喉长尾山雀的巢穴建造得十分精致美观，在欧洲鸟类中实在是首屈一指。

从这幅图中，你可以了解到生活在欧洲的一些鸣禽。许多鸟类都会在冬天迁徙到温暖的南方，春天的时候再飞回来。

锡嘴雀

乌鸫

凤头山雀

绿金翅雀

苍头燕雀

大山雀

黑顶林莺

叽咋柳莺

通过鸟喙的形状你可以知道，这些鸟是如何觅食的。细长的鸟喙可以取食缝隙中的昆虫，短粗的鸟喙可以撬开坚硬的果实取食里面的种子。

鼠科与非鼠科

在欧洲也有一些小型哺乳动物，因为长得很像鼠科动物，人们经常将它们混淆，事实上只有鼠科动物才会有不断生长的门齿。

榛睡鼠[1]并不是鼠科动物[2]，而是同睡鼠有亲缘关系。它们能灵活地攀爬在树枝上寻找种子、嫩芽和果实。它那圆圆的巢穴则是由干草建造而成的。

① 榛睡鼠属于松鼠亚目，睡鼠科。——译者注
② 鼠科属于鼠形亚目。——译者注

田鼠①如河堤田鼠，也不属于鼠科动物。相比鼠科动物，田鼠的耳朵要更小，尾巴也更短。

林姬鼠的耳朵较大，尾巴较长，从这些特征来看，它才是唯一的鼠科动物。林姬鼠在遭受威胁时会立刻逃窜回鼠洞里。

冬天，你经常会在鸟巢附近发现河堤田鼠，它们生活在森林中。

鼩鼱比老鼠体型要小得多。它凭借又细又长的吻部可以取食到生存在夹缝中的猎物，如昆虫和蜗牛。鼩鼱的嘴里长有许多尖锐的牙齿。

① 田鼠属于鼠形亚目，仓鼠科。——译者注

松鼠

秋天的时候，松鼠会将许多坚果、橡子和其他植物种子藏在树干里，用以过冬。

松鼠在高高的树冠上建巢，它的巢由树枝组成，呈球状。

小松鼠要学习如何用牙齿撬开坚果，吃到里面的果仁。

松鼠敏捷地爬上了树干。夏天的时候它们也会吃昆虫和鸟蛋。

松鼠在树枝上跳来跳去。跳跃的时候尾巴起到了平衡作用，使它能够平安着陆。

松貂是松鼠最大的敌人。它们在松鼠身后灵巧地追赶，直到爬上最高的树杈。松鼠为了逃命，会从高高的树枝上跳到地面。

松貂和猫差不多大小，这个机敏的食肉动物白天经常在树洞或废弃的松鼠窝内休息。

松貂善于攀爬、跳跃，最喜欢待在高高的树冠上，在那里捕捉松鼠。在地面上的松貂也会捕捉老鼠吃。此外它还喜食树莓。

白天很少能看到狐狸和獾，太阳下山之后它们才活跃起来。然后出来寻觅老鼠、昆虫和水果。

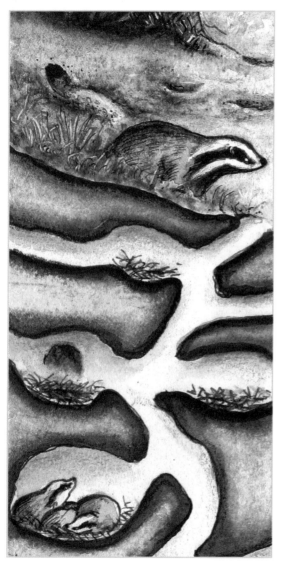

狐狸会悄悄地接近老鼠，然后猛地跃起，将其捉住。

宽敞的獾穴深可达五米，幼獾生长在一处小型穴室中。

狐狸发现了一个鼠洞，它将捕到的小老鼠带回给它的孩子吃。

野猪

野猪经常在泥塘里打滚。

洗浴之后，野猪还要在树干上摩擦身体，以清除皮毛上的蜱虫和跳蚤。

一只雄性野猪从下木层①中钻了出来，它的嘴巴上长着可怕的獠牙。

野猪仔出生几天之后，就可以和母亲一起出去觅食了。

① 下木层由灌木丛和矮树构成。——译者注

尽管欧洲森林里生活着许多野猪，但基本上只能在野生动物保护区里看见它们，野猪在白天休息。

夜晚，野猪会用拱鼻掘开泥土，寻找里面的昆虫幼虫、蠕虫和植物根系。它们找到什么，就吃掉什么。秋天的时候野猪也会翻掘田地。

狍子

早晚时分，狍子变得活跃起来。夏天，它们总是独来独往，冬天则会聚集在一起。

狍子以树叶、杂草、嫩芽、青草、果实和种子为食。狍子的臀部有白色斑块，即使在昏暗的森林里也十分显眼，这些印记可以防止狍子在逃窜时相互走失。

雄狍子头顶长角，很好辨认。每年的秋天，雄狍子头顶的角都会自然脱落，冬天又会长出新角来。

雄狍子在交配期通过相互决斗赢得雌狍子的青睐，它们头顶的角就是决斗的武器。

狍子可连续跃至八米远的距离，与此同时它还能够跨越更高的障碍物。

春天，小狍子出生了，出生后的第一天它会一直躲藏在高高的草丛中，不久之后它才会跟在妈妈身边学习哪些植物可以吃，哪些植物不可以吃。

马鹿

马鹿是欧洲森林里体型最大的动物。它们几乎整天都在进食，食物就是森林里的植物。

头顶尖尖的鹿角是两只雄马鹿决斗时所用的武器。它们的鹿角彼此交错地钩在一起，避免彼此间可能造成的致命伤害。

雄鹿头顶都长着骨质角，二月份时鹿角会脱落，不久之后又会长出新角来。

两个叉角的雄鹿

六个叉角的雄鹿

八个叉角的雄鹿

十四个叉角的雄鹿

秋天是马鹿的发情期，它们会发出阵阵吼叫，然后雄鹿之间就开始激烈的争偶决斗。

新的鹿角比前一年的要大一些，大多数雄鹿头顶两侧的鹿角会多生出两个叉角。

马鹿幼仔和母鹿一起寻找食物，它们在鹿群里生活。

护林员

许多人在森林里工作。护林员的工作是：采伐木材工业所需的林木、重新种植幼苗，在风暴之后清扫残枝落叶。

因为小蠹会给树木造成极大伤害，护林员在树上布置了陷阱。

闪电，更多的是香烟头，会在干燥的森林中引发一场火灾。

猎人埋伏在打猎架上射杀狍子、鹿、野猪和狐狸。

欧洲的森林中生活着许多狍子、鹿以及野猪，因为它们在这里缺少像狼之类的天敌，因此为了保持自然界的平衡，猎人会定期杀死一定数量的动物。

护林员带领着小孩和成人穿越森林，沿途还会讲述那些生活在森林里的动植物的新鲜事，图中的护林员正在向孩子们展示山毛榉的果实。

春天和夏天

春天，森林里到处都是鸟鸣，那些飞往温暖南方过冬的候鸟再次飞回了欧洲。

啄木鸟啄击树木的声音从远处传来，循着声音去寻找它吧！

小心查看叶子背面，你会发现上面有虫卵。

炎热的夏日，森林里无疑是一处避暑胜地。对于大多数动物来说，夏天是哺育后代的季节。

整整一天的时间，鸟爸鸟妈都在忙着为它们饥饿的孩子寻找食物。只要父母中的任何一个回到鸟巢，雏鸟就会朝父母伸长脖子，张开小嘴，等待喂食。

狐狸幼仔出生在地洞里，它们在那里度过了来到这个世界的第一天。当幼仔长大了，可以出洞活动时，它们就会顽皮地在一起嬉耍。

秋天和冬天

秋天到处都是花花绿绿的树叶和果实。将风干的叶子粘在日记本里，再配上对应的果实，一本精美的植物日记就出现了。

马鹿的发情期是指马鹿的交配时期。发情期会持续到 10 月中旬，这段时期内你都会听到它们的叫声。

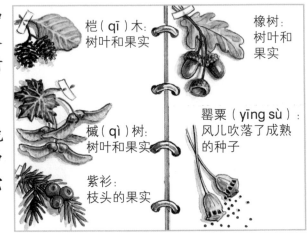

桤（qī）木：树叶和果实

橡树：树叶和果实

械（qì）树：树叶和果实

罂粟（yīng sù）：风儿吹落了成熟的种子

紫衫：枝头的果实

冬天，许多动物都会在藏匿处进行冬眠。还有些动物在秋天的时候会离开这里，迁徙到温暖的南方。

当森林被冰雪覆盖的时候，你一定要去森林里探险。雪地里你会发现狍子、狐狸、野猪、松鼠、老鼠和鸟类留下的足迹。

当树木、大地都被冰雪覆盖的时候，动物们想找到食物可并不容易。因此，护林员会在森林里的固定点给鸟类和野生动物准备一些谷粒和干草。

东方出版社精品儿童读物

知道得更多系列

东方出版社精品儿童读物

神奇猜猜系列

东方出版社精品儿童读物

巨大嚣张的机器系列